BEI GRIN MACHT SICH IHR WISSEN BEZAHLT

- Wir veröffentlichen Ihre Hausarbeit, Bachelor- und Masterarbeit

- Ihr eigenes eBook und Buch - weltweit in allen wichtigen Shops

- Verdienen Sie an jedem Verkauf

Jetzt bei www.GRIN.com hochladen und kostenlos publizieren

Bibliografische Information der Deutschen Nationalbibliothek:

Die Deutsche Bibliothek verzeichnet diese Publikation in der Deutschen National-
bibliografie; detaillierte bibliografische Daten sind im Internet über http://dnb.d-
nb.de/ abrufbar.

Impressum:

Copyright © 2018 GRIN Verlag
Druck und Bindung: Books on Demand GmbH, Norderstedt Germany
ISBN: 9783668949294

Dieses Buch bei GRIN:

https://www.grin.com/document/468998

Pascal Limburg

Chinesische Zulieferer und der chinesische Automobilsektor

Untersuchung über Zulieferinvestitionen

GRIN Verlag

Fachhochschule der Wirtschaft

- FHDW -

Bergisch Gladbach

Ausarbeitung im Fach Automotive Supplier Industry

Thema:

China – Chinesische Zulieferer
und Spannungsfeld der Zulieferinvestitionen

Verfasser:

Pascal Limburg

Inhaltsverzeichnis

Inhaltsverzeichnis

Abbildungsverzeichnis

Abkürzungsverzeichnis

AMK   Arnold Müller Kirchheim
BMW   Bayrische Motorenwerke
bspw   Beispielsweise
Kfz   Kraftfahrzeug
Ltd   Limited
Mio   Millionen
Mrd   Milliarden
OEM   Original Equipment Manufacturer
OES   Original Equipment Supplier
USA   United States of America
USD   US-Dollar

1   Einleitung

Die bisherige Situation der Direktinvestitionen von Automobilzulieferern ist altbekannt. Europa und die USA investieren ihre Gelder bspw. in Joint Ventures in Asien. Aber dieser Trend bekommt allmählich einen Gegentrend, denn chinesische Zulieferer haben Kapitalreserven und investieren diese nun ebenso im Ausland. Das nachfolgende Executive Summary soll die chinesischen Zulieferer sowie ihre Auslandsaktivitäten in Form von Direktinvestitionen darstellen. Abgerundet wird dies durch ein Praxisbeispiel wie ein chinesischer Konzern einen deutschen mittelständischen Automobilzulieferer übernommen hat.

2   Kennzahlen zum chinesischen Automobilsektor

Der chinesische Automobilsektor ist ebenso wie der europäische Automobilsektor geprägt von Wachstum. Sowohl eine starke Binnennachfrage stützt das Wirtschaftswachstum, als auch ein hoher Exportanteil an Produkten. Die jährlichen Wachstumsraten des Kfz-Teile Exportvolumens in China liegen zwischen 33 und 37 %. Hierzu Abbildung 1, welche verdeutlicht, dass sich das Volumen zwischen 2005 und 2010 vervierfacht hat. Der Trend ist weiterhin steigend.

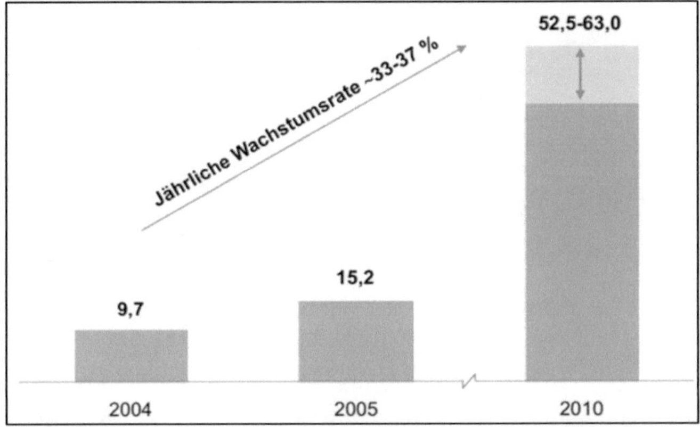

Abbildung 1: Exportvolumen von Kfz-Teilen aus China (in Mrd. USD-Dollar).
Quelle: Jahrbuch der chinesischen Automobilindustrie, Oliver Wyman-Analyse, 2014.

Das Niveau der chinesischen Lohnkosten ist im Vergleich zu Deutschland bedeutend niedriger (vgl. Abbildung 2). Dennoch weißen sowohl China als auch Deutschland Steigerungen auf. Während diese in Deutschland moderat um 13,6 % in 5 Jahren gestiegen sind, ist das Lohnniveau in China innerhalb desselben Zeitraums mehr als verdoppelt worden. Dieser Trend wird auch in den Folgejahren bestehen bleiben.

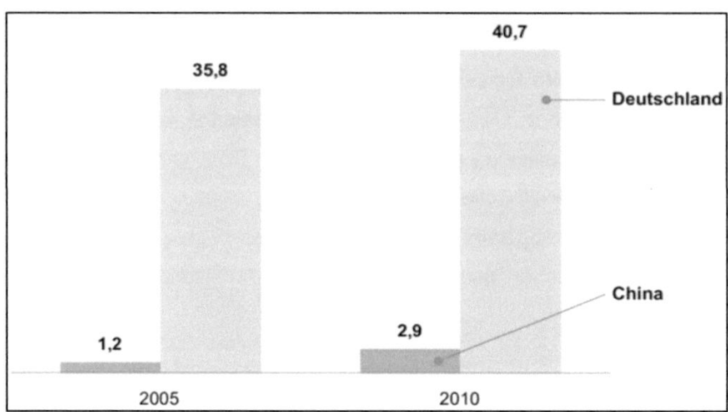

Abbildung 2: Vergleich der Lohnkosten in China und Deutschland (in US-Dollar).
Quelle: The Economist Intelligence Unit, Oliver Wyman-Analyse, 2014.

Geht man von steigenden Exportvolumen und einem verhältnismäßig geringen Lohnniveau in China aus, müsste dies zu steigender Profitabilität führen. Zwischen 2003 und
2005 ist diese jedoch von 14,4% auf 5,8% gesunken, was einer jährlichen Schrumpfrate
von 37% entspricht. Auch aufgrund sinkender Preise in China wird sich dieser Trend
von sinkender Profitabilität fortsetzen (vgl. Abbildung 3).

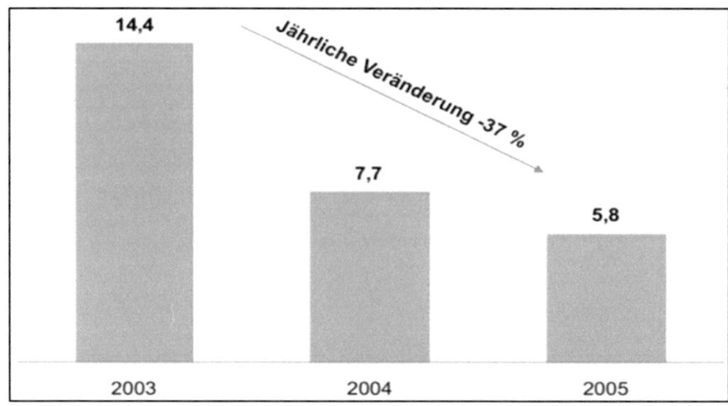

Abbildung 3: Entwicklung der Profitabilität in der chinesischen Automobilzulieferindust-
rie.
Quelle: China Automobile and Parts, China Automotive Industry Research, Oliver
Wyman-Analyse, 2014.

3   Auslandsbeteiligungen des chinesischen Automotive Sektors

Seit geraumer Zeit investieren ebenso chinesische Firmen in Auslandbeteiligungen. Ebenso tut dies die chinesische Automobilindustrie. Automobilhersteller und Automobilzulieferer investieren seit Jahren in immer mehr ausländische Firmen. Einen aktuellen Höchststand von über 300 Beteiligungen wurde in 2016 erreicht (vgl. Abbildung 4).

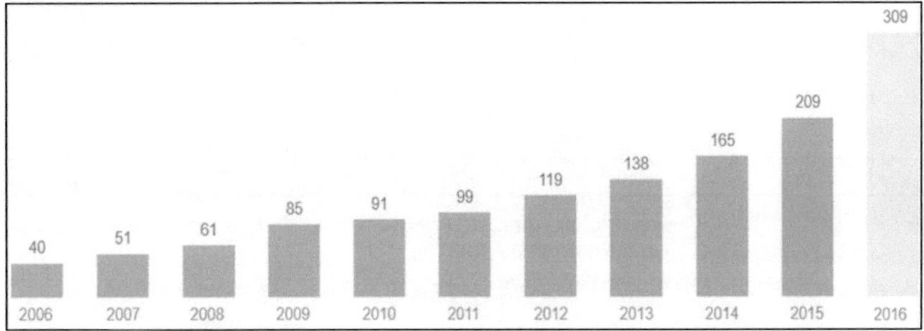

Abbildung 4: Anzahl der Unternehmenszukäufe/-beteiligungen chinesischer Automobil-unternehmen in Europa.
Quelle: Chinesische Unternehmenskäufe in Europa, Ernst & Young-Analyse, 2017.

Analysiert man in welche Länder investiert wurde, ist Deutschland mit weitem Abstand vor Großbritannien das beliebteste Investitionsland. Dies liegt nicht zuletzt daran, dass Deutschland im Vergleich zu anderen europäischen Ländern eine deutlich ausgeprägtere Automobilindustrie besitzt (vgl. Abbildung 5).

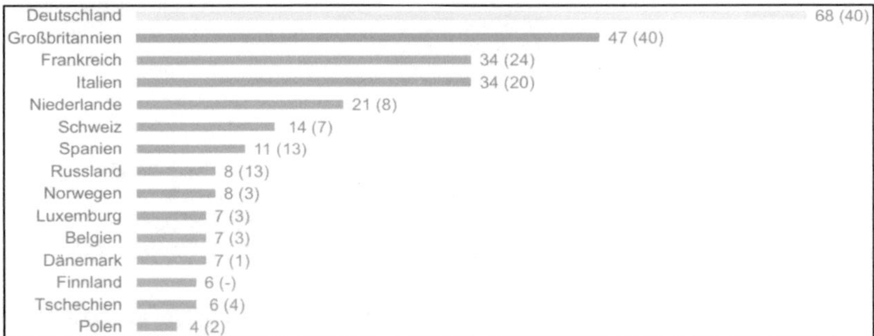

Abbildung 5: Anzahl der Unternehmenszukäufe/-beteiligungen chinesischer Automobil-unternehmen in Europa in 2016 auf Länderebene.
Quelle: Chinesische Unternehmenskäufe in Europa, Ernst & Young-Analyse, 2017.

Die Anzahl als Transaktionen ist jedoch nicht aussagekräftig genug, daher zeigt Abbildung 6 das Transaktionsvolumen an Auslandsbeteiligungen der chinesischen Automobilindustrie. Das Transaktionsvolumen hat sich von 2015 auf 2016 mehr als verdoppelt und beträgt mehr als 85 Mrd. US-Dollar.

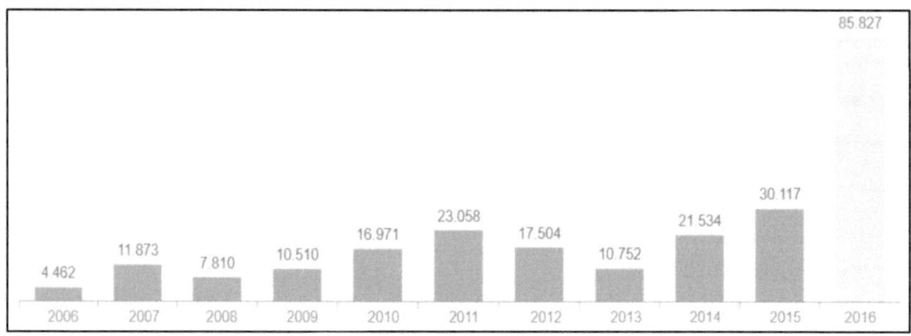

Abbildung 6: Unternehmenszukäufe/-beteiligungen chinesischer Automobilunternehmen in Europa (Transaktionsvolumen in Mio. US-Dollar).
Quelle: Chinesische Unternehmenskäufe in Europa, Ernst & Young-Analyse, 2017.

Wird das Transaktionsvolumen nun auf Länderebene untersucht, zeigt sich, dass das meiste Geld in der Schweiz investiert wurde. Deutschland folgt mit 12,6 Mrd. US-Dollar auf Platz zwei (vgl. Abbildung 7).

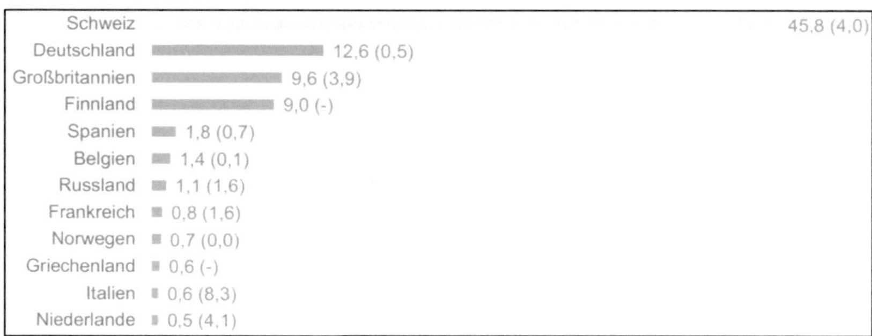

Abbildung 7: Unternehmenszukäufe/-beteiligungen chinesischer Automobilunternehmen in Europa in 2016 auf Länderebene (Transaktionsvolumen in Mrd. US-Dollar).
Quelle: Chinesische Unternehmenskäufe in Europa, Ernst & Young-Analyse, 2017.

Roland Berger Strategy hat hierzu die Direktinvestitionen weltweit untersucht. Die Abbildung 8 zeigt sowohl den Käufer und Verkäufer bzw. die Landesflagge. Hier wird deutlich, dass China mit 19 Investitionen vor den USA mit 15 Investitionen führt. Deutschland ist mit 13 Investitionen auf Platz drei.

2011	2012	2013	2014	2015	2016
BHAP / Inalfa	Bohong / Wescast Industries	Amtek / Neumayer Tekfor	Amtek / Kaiser	AVIC Automotive / Henniges	Freudenberg / TBVC
Citic / KSM Castings	Bosch / SPX	BorgWarner / Wahler	Amtek / Kuepper Group	BorgWarner / Remy International	Illinois Tool Works / TRW Auto. Elec. & Comp.
CQLT / Saargummi	Continental / Freudenberg molded brake parts	Gentex / JCI HomeLink	AUNDE / Fehrer	China National Tire / Pirelli	Musashi Seimitsu / Hay
Gestamp / ThyssenKrupp MF	Continental / Parker Hannifin MCS	Gentherm / W.E.T. Automotive	AVIC / Hilite	Continental / Elektrobit	Megatech / Boshoku Europe
GKN / Getrag driveline bus.	Delphi / FCI MVL	Grammer / Nectec	AVIC / KOKI Technik	Delphi / HellermannTyton	Ningbo Joyson / KSS
Inteva / A. Meritor Body Syst.	Faurecia / ACH Interiors	Halla / Visteon climate business	Bosch / ZF Lenksysteme	Grupo Antolin / Magna interior business	Plastic Omnium / Faurecia exterior bus.
Iochpe-Maxion / Hayes Lemmerz	Grupo Antolin / CML	Huayu Auto. Systems / Yanfeng Visteon JV	Delphi / Unwired Technology	Harman / Symphony Teleca/Redbend	Yinyi Group / Punch Powertrain
Martinrea / Honsel	Hebei Lingyun / Kiekert	Mahle / Behr	Federal-Mogul / TRW valves business	Johnson Electric / Stackpole	Valeo / FTE Automotive
Ningbo Huaxiang / Sellner	Lear / Guilford Mills	Nidec / Honda Elesys	Lear / Eagle Ottawa	Linamar / Montupel	
Ningbo Joyson / Preh	Magna / Ixetic	Ningbo Huaxiang / HIB Trim Parts	MAHLE / Letrika	Magna / Getrag	
Nisshinbo / TMD Friction	Metalsa / ISE Automotive	TMT / ZF Boge	Sensata / Schrader	MAHLE / Delphi thermal business	
Samvard. Motherson / Peguform	Nemak / JL French Automotive	Tokai Rubber / Anvis	Shanghai Prime Machinery / Nedschroef	Mann+Hummel / Affinia	
Toyota Boshoku / Polytec Auto Interior	Tupy / Cifunsa	Wangfeng / Meridian Lightweight	Visteon / JCI auto. electronics bus.	NGK Spark Plug / Wells Vehicle Electronics	
Valeo / Niles	Wuhan Iron & Steel / ThyssenKrupp TB	Wanxiang Group / A123	ZF / TRW	Valeo / Peiker Acustic	

Abbildung 8: Direktinvestitionen in Automobilzulieferer.
Quelle: Roland Berger/Lazard, Global Automotive Supplier, 2016.

4 Überblick über chinesische Automobilzulieferer

Denkt man an führende Automobilzulieferer fallen einem bekannte Unternehmen wie Bosch, Denso oder Magna ein. Die Heimat dieser Unternehmen ist Deutschland, Japan und Kanada. Erst auf Platz 17 (nach Umsatz) der weltweiten Automobilzulieferer findet sich ein chinesisches Unternehmen: Weichai Power Co., Ltd. So verwundert es auch nicht, dass die in Abbildung 9 enthaltenen Unternehmen, relativ unbekannt sind. Allenfalls ist Yanfeng Automotive Intertiors Co., Ltd. noch bekannt, dies jedoch aufgrund des Joint Venture Partners Johnson Controls.

Zulieferer	Produkte	Umsatz
Weichai Power Co., Ltd.	Antriebsmaschinen, Motoren, Getriebe, Achsen	13,1 Mrd. USD
Wanxiang Group Corp.	Getriebewellen, Radwellen, Kreuzgelenke, Radnaben, Stoßdämpfer	10,9 Mrd. USD
Yanfeng Automotive Interiors Co., Ltd.	Cockpits, Instrumententafeln, Türverkleidungen, Mittelkonsolen	8,7 Mrd. USD
Fuyao Glass Industry Group Co., Ltd.	Frontscheiben, Heckscheiben, Schiebedächer	3,9 Mrd. USD
Liaoning Dare Industrial Co., Ltd.	Ölpumpen, Lenkhilfpumpen, Wasserpumpen, Getriebepumpen	3,6 Mrd. USD
Ningbo Joyson Electronic Corp.	Steuergeräte, Infotainmentsysteme, Scheibenreinigungssysteme	3,3 Mrd. USD
Ningbo HuaXiang Electronics Co., Ltd. (NBHX)	Innen- und Außenverkleidung, Spoiler, Cockpits, Klimaanlagen	2,8 Mrd. USD
Hebei LingYun Industrial Group Co., Ltd.	Stoßfänger, Tür- und Fensterrahmen, Gepäckablagen, Bremsschläuche	2,4 Mrd. USD
Shenzhen Kaizhong Precision Technology Co., Ltd.	Schleifringe, Kommutatoren, Kupplungen, Isolierdrähte	2,1 Mrd. USD
Anhui Zhongding Holding (Group) Co., Ltd.	Dichtungen, Gummi-Metall-Teile, Verbindungselemente, Leitungen	1,9 Mrd. USD
Ningbo Jifeng Auto Parts Co., Ltd.	Türsysteme, Sitze	1,8 Mrd. USD
Jianxin Zhao's Group Corp.	Türdichtungen, Vibrationsdämpfung, Getriebeteile	1,5 Mrd. USD
Nanjing Xiezhong Auto-Airconditioner (Group) Co., Ltd.	Klimaanlagen	1,4 Mrd. USD

Abbildung 9: Top 13 der chinesischen Automobilzulieferer.
Quelle: Eigene Darstellung.

Auf Platz zehn befindet sich die Anhui ZhongDing Holding (Group) Co., Ltd. ein Unternehmen, dass im nachfolgenden als Referenzunternehmen dient. Die Gruppe besteht aus den zwei Firmen Anhui ZhongDing Sealing und Anhui ZhongDing Rubber-Plastic. Es wurde 1980 als Staastunternehmen der Automobilzuliefer- und Maschinenbaubranche gegründet. Seit 1996 ist dieses privatisiert und mit aktuell 4,38 Mrd. USD an der Börse Shenzhen gelistet. Dinghu Xia der Firmengründer führt die Firma, welche aus Nigguo einem Ort der ärmlichen Provinz Anhui stammt. Die Gruppe erwirtschaftet mit rund 19.300 Mitarbeitern weltweit, wovon 15.860 in China beschäftigt sind knapp 1,87 Mrd. USD Umsatz. Dieser ist aufgeteilt in 1,14 Mrd. USD Inlandsumsatz und 0,73 Mrd. Auslandsumsatz. Als Gewinn blieben im Jahr 2016 119,6 Mio. USD. Dieser wird genutzt, um in die Firmenstruktur durch Zukäufe weiter auszubauen. In China unterhält ZhongDing 42 Standorte, davon 1 R&D Center in Anhui, 19 Logistikzentren und 22 Vertriebszentren. Die Firmengruppe hat sich auf Gummidichtungen, Dämpfungssysteme, Flüssigkeitsmanagementsysteme, Metallprodukte und Elektroantriebstechnologie inkl. E-Tankstellen spezialisiert. Unter den Kunden finden sich zahlreiche große OEM und OES wieder, bspw. Daimler, FAW, Borg Warner etc.

Die ZhongDing Group erweitert jedoch auch das Portfolio an Produkten und Kompetenzen durch nicht organischen Wachstum in Form von Zukäufen. Abbildung 10 zeigt die Übernahmen der Gruppe inkl. der Investitionssumme.

Investition	Hauptsitz	Produkte	Zeitpunkt	Investitionssumme
SchmitterGroup GmbH	Kitzingen	Hydraulikleitungen, Treibstoffleitungen	Juni 2005	?
Precix Corporation	New Bedford	O-Ringe	Mai 2012	27 Mio. USD
KACO Dichtungswerke GmbH + Co. KG	Heilbronn	Radialwellendichtringe, Kolben- und Stangendichtungen, Schaltkolben, Gleichringdichtungen, Magnetgeber	Juli 2014	64 Mio. USD (für 80 %)
WEGU Holding GmbH	Kassel	Getriebe-, Abgas- und Fahrwerkstilger, Abgasaufhängungen, Lenkungsdurchführungen	Februar 2015	95 Mio. USD
Vincenz Wiederholt-Werke GmbH	Holzwickede	Präzisionsrohre, Profilrohre, Hydraulikzylinder	April 2015	76 Mio. USD
Austria Druckguss GmbH & Co. KG	Gleisdorf	Motorenteile, Antriebsstrang- und Fahrwerksteile, Strukturteile	April 2016	?
AMK Arnold Müller GmbH & Co. KG	Kirchheim unter Teck	Reifenfüllkompressoren, Luftfederkompressoren	Juni 2016	130 Mio. USD
Tristone Flowtech Group	Frankfurt am Main	Motorkühlung, Batteriekühlung, Turbolader, Luftansaugung	November 2016	170 Mio. USD

Abbildung 10: Invesititonen der ZhongDing Gruppe.
Quelle: Eigene Darstellung.

5   Beispiel einer Direktinvestition

Die AMK Arnold Müller GmbH & Co. KG gilt als Praxisbeispiel für das Beispiel einer Direktinvestition eines chinesischen Automobilzulieferers. Die AMK Gruppe besteht aus den vier Firmen Antriebs- und Regeltechnik, Automatisierungstechnik, Elektroanlagen und Gerätebau sowie der Automotive Sparte. Seit 1963 ist die Firma aus Kirchheim unter Teck in der Automatisierungstechnik tätig. 1998 folgte der Eintritt in die Automobilbranche. Unter der Leitung von Dr. Ulrich Viethen erwirtschaftete das Unternehmen mit rund 950 Mitarbeitern in 2016 286 Mio. Euro. Das Produktportfolio umfasst Servomotoren, Steuerungen und Antriebslösungen im Non-Automotive Bereich. Der Automotive Bereich liefert als Tier-1 Luftfederkompressoren sowie Lenkhilfeantriebe. Zudem werden die Bereiche Aftermarket und E-Mobility ausgebaut. Die AMK Automotive beliefert aktuell BMW, Daimler, Land Rover, Jaguar und Volvo als Erstausrüster für aktuelle Modelle wie Mercedes-Benz W222 (S-Klasse).

Im Juni 2016 wurde die AMK Gruppe an die ZhongDing Gruppe veräußert. Abbildung 11 zeigt den Ablauf der Übernahme. Die beiden Firmen hatten seit 2011 eine Geschäftsbeziehung die sich stetig ausgebaut hatte, bis ZhongDing einen Share Deal für die Übernahme angeboten hatte. Im April 2016 folgte dann eine umfangreiche Due Diligence Prüfung, unter Berücksichtigung der Kartellbehörden erfolgreiche endete, sodass AMK seit Januar 2017 vollkonsolidiert als Tochterfirma von ZhongDing agiert.

Zeitpunkt	Prozessschritt
Ab 2011	ZhongDing beliefert AMK mit Dichtungen
Dezember 2015	Erstgespräch zwischen AMK und ZhongDing bzgl. Expansionsplänen beider Gesellschaften
Februar 2016	Mergers & Acquisitions-Abteilung der ZhongDing Holding Europe GmbH unterbreitet erstes Angebot in Form eines Share Deals
Februar - März 2016	AMK und ZhongDing einigen sich auf ein vorläufiges Angebot
April - Mai 2016	Due-Diligence-Prüfung durch Perlitz Strategy Group, Rittershaus Rechtanwaltssozietät und Wirtschaftsprüfungs- und Steuerberatungsgesellschaft Falk & Co.
Juni 2016	Unterzeichnung des Übernahmevertrags inkl. eines Non-disclosure Agreements
Juni 2016	Pressemitteilung zur vollständigen Übernahme der AMK Group durch die ZhongDing Group
Juli 2016	Zustimmung der Kartellbehörden (u.a. Bundeskartellamt)
Juli 2016 - Januar 2017	Vollständige Konsolidierung der AMK Group in die ZD Europe GmbH als eigenständiges Tochterunternehmen

Abbildung 11: Ablauf der Übernahme.
Quelle: Eigene Darstellung.

Der Grund für die Übernahme besteht in den vielfältigen Synergieeffekten der beiden Unternehmen. So wollte AMK vor allem Wachstumschancen in Asien realisieren unter gleichzeitiger Reduktion der Kosten. ZhongDing hingegen wollte in Europa anerkannter werden und das Technologieportfolio um E-Mobilität erweitern.

Im Laufe der Übernahme kam es jedoch zu zahlreichen strategischen Änderungen. Der neue Eigentümer hat die vier Geschäftsbereiche auf zwei reduziert. Es bestehen somit nur noch Automotive und der neue Bereich Antriebsmotoren und Steuerungstechnik. Beide firmieren nun unter der neugegründeten AMK Holding.

Zudem wurde die Vertriebsstrategie geändert. Durch ein Joint Venture in der Forschung mit WABCO wurden die Abgabemengen der Kompressoren für Mercedes-Benz S-Klasse (W221) limitiert. Diese Limitierung kam jedoch von WABCO. Ebenso wurde der Vertrieb aufgespalten in After Sales welcher nur noch Key Accounts durch AMK selbst betreut. Alle übrigen Kunden werden von TOW Automotive, einem Ersatzteil-Distributor für Luftfahrwerksteile betreut. Dies setzt sich in der Servicestrategie fort. Die Preisgarantien, Lieferbedingung und Zahlungsbedingung wurde von AMK angepasst.

6 Fazit

Die Situation in China ist vergleichbar mit dem Rest der Welt, auch chinesische Zulieferer kämpfen trotz steigender Erfolgskennzahlen mit Margendruck. Daher müssen die Zulieferer ebenso neue Wege und Möglichkeiten finden ihre Marge zu verbessern, teils Direktinvestitionen in Europa. Sowohl die Anzahl als auch das Transaktionsvolumen steigt jährlich an. Vornehmlich wird in Hidden Champions investiert, um das Produkt- und Technologieportfolio in China zu erweitern. Jedoch sind im Vergleich zu deutschen Zulieferern die chinesischen Zulieferer bedeutend kleiner und unbekannter. Nichtsdestotrotz wird der Einfluss der chinesischen Zulieferer in Europa wird mit der Zeit zunehmen. Die chinesische Kultur führt bei Übernahmen jedoch teils erheblich zur Veränderung von Unternehmensstrategien.

Quellenverzeichnis

i) Studien

Automotive News: Top Suppliers. 2013.

Ernst & Young: Chinesische Unternehmenskäufe in Europa- Eine Analyse von M&A-Deals 2006–2016. 2017.

Hans-Böckler-Stiftung: Chinesische Investitionen 2016 - Erfahrungen von Mitbestimmungsakteuren. Mitbestimmungsreport Nr. 37, 2017.

IHS Automotive Supplier Business: The Chinese Automotive Supplier Report. 2016.

Oliver Wyman: China Automobile and Parts - China Automotive Industry Research. 2014.

Oliver Wyman: Insights on automotive supplier excellence - Driving growth of automotive suppliers. 2016.

Oliver Wyman: Insights on automotive supplier excellence - Footprint optimization at automotive suppliers. 2016.

Oliver Wyman: Insights on automotive supplier excellence - Sourcing in the automotive industry: How can suppliers create more value? 2015.

Oliver Wyman: Jahrbuch der chinesischen Automobilindustrie. 2014.

Oliver Wyman: The Economist Intelligence Unit. 2014.

Plattform M&A China Deutschland: Die neue Normalität im M&A-Geschäft - Rekorde, Reformen, Risiken. 2017.

Roland Berger/Lazard: Automotive Supplier Study. 2016.

BEI GRIN MACHT SICH IHR WISSEN BEZAHLT

- Wir veröffentlichen Ihre Hausarbeit,
  Bachelor- und Masterarbeit

- Ihr eigenes eBook und Buch -
  weltweit in allen wichtigen Shops

- Verdienen Sie an jedem Verkauf

Jetzt bei www.GRIN.com hochladen
und kostenlos publizieren